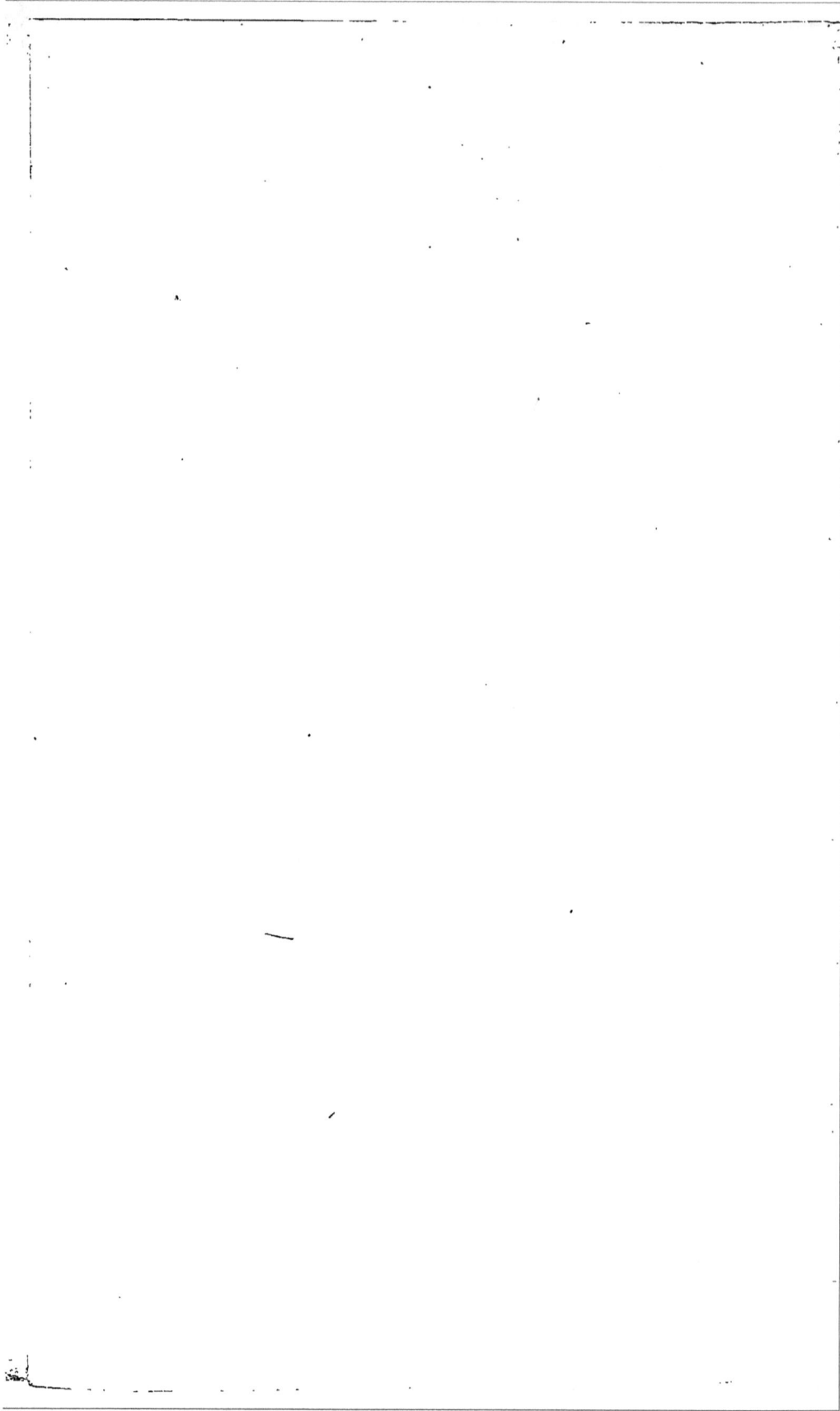

LE CLIMAT DE L'ALGÉRIE

PAR

LE Dʳ H. AGNÈLY

Ancien professeur à l'École de Médecine de Dijon, Membre fondateur
de la Société de Climatologie algérienne.

L'Algérie est une contrée privilégiée entre
toutes. Le regard de Dieu est sur elle!...
(MONITEUR ALGÉRIEN du 26 janvier 1866.)

Ce sol privilégié possède tous les éléments
d'une fécondité surprenante et d'une complète salubrité.
Dʳ Pénier,
Membre de la Commission scientifique
d'exploration de l'Algérie, en 1842.

Les conditions de santé y sont non égales, mais supérieures à celles d'un grand
nombre de villes de France.
(Rapport en 1862, du Dʳ Perrier, médecin
principal de l'armée).

∽≈⊗≈∽

ALGER

IMPRIMERIE J.-B. DUBOIS, RUE D'ORLÉANS. 5.

LE CLIMAT ALGÉRIEN[1]

La première épigraphe empruntée au *Moniteur algérien*, y termine un article, d'Auguste Marquand, sur les splendeurs géologiques et sur les magnificences naturelles de la grande Kabylie.

Ce savant touriste, ce voyageur émérite, qui a parcouru dans tous les sens le monde ancien et le monde nouveau, signale l'Algérie aux familles qui sont à la recherche d'une patrie nouvelle ; il le fait en ces termes : « Dieu est adorable, il prodigue ses plus rares magnificences aux régions privées d'habitants !

Faisons connaître le climat de cette région privilégiée, et si magnifiquement recommandée, sous le rapport de la salubrité; ce dont les 2e et 3e épigraphes, empruntés à des documents officiels, écrits à vingt ans de distance, nous donnent les témoignages les plus compétents et les plus autorisés.

L'expression grecque Κλίμα signifiait dans la langue de Périclès, région ou zone terrestre ; littéralement

---

(1) Cette esquisse du Climat algérien a été publiée dans l'ouvrage d'Octave TEISSIER, *Napoléon III en Algérie*. Elle a été reproduite par les journaux d'Alger, l'*Akhbar* et le *Courrier*, — par le *Toulonnais*, en France.

transportée dans le vocabulaire français, sous le mot *climat*, elle y a reçu cette acception à la fois plus étendue, et plus scientifique : forces ou influences sidérales, telluriennes et atmosphériques, considérées dans leur action propre, sur telle zone, région ou contrée du globe terrestre ; d'où, ces déductions logiques : toute contrée a son climat propre ; tout climat relève de l'astronomie, de la géographie et de l'hygiène. Nous allons exposer distinctement, à ces trois points de vue, le climat de l'Algérie.

Climat astronomique de l'Algérie ; il se caractérise par la situation de cette contrée sur la sphère, entre les 32e et 37e degrés de latitude nord, entre le 4e de longitude occidentale et le 6e de longitude orientale ; où l'Algérie embrasse 5 degrés du nord au sud et 10 degrés de l'ouest à l'est.

Située à la limite méridionale de notre zone tempérée, cette contrée participe des caractères propres aux latitudes chaudes et aux latitude tempérées ; ainsi, les nuits et les jours y ont une tendance marquée vers l'égalité ; il n'y a point d'aube au matin, point de crépuscule au soir ; deux saisons seulement, l'une sèche, l'autre pluvieuse, y constituent l'année climatérique, comme dans les pays équinoxiaux ; enfin, aux productions de la zone tempérée, elle réunit nombre de celles propres aux zones intertropicales.

Climat géographique de l'Algérie ; il a pour éléments : la contiguïté de cette contrée avec le désert au sud, avec la mer au nord ; sa division longitudinale, en deux parties opposées, par le système atlantique, dont le soulèvement s'étend de l'Océan à travers le Maroc, l'Algérie et la Tunisie, jusque dans le bassin oriental de la Méditerranée.

Ces deux parties du territoire algérien se différencient tellement par leur configuration physique, par leur structure géologique, par leurs productions et par leur température tout africaines sur le versant sud, presque européennes sur le versant nord, qu'elles représentent deux mondes contraires, bien qu'adossés.

Les indigènes caractérisent cette dissemblance, dans leur langage expressif, par les dénominations suivantes:

Le *Sahara*, terre de parcours, pays de la soif et de la faim ;

Le *Tell*, terre de culture, pays de l'abondance.

Ne pourrions-nous pas les dénommer différentiellement : l'Algérie-sud, l'Algérie-nord ?... ayant chacune leur climat propre, et sous le rapport géographique et sous le rapport hygiénique !... Cette distinction nous rappoche, d'ailleurs, de la définition *technique ;* car en *géographie abstraite*, on donne le nom de climat « à un espace du globe terrestre, compris entre deux cercles, parallèles à l'équateur. »

Climat hygiénique ou médical de l'Algérie. Pour l'astronome, le clima algérien est *un* ; pour le géographe, le climat algérien est *double* ; pour l'hygiéniste, il se multiplie en divisions, proportionnelles à l'altitude et à l'état accidenté du sol.

L'hygiéniste admettra, comme le géographe, le climat de l'Algérie sud et le climat de l'Algérie nord ; mais, pour lui, en outre, chacun de ces climats régionaux se divisera en climats locaux, susceptibles d'être étendus ou circonscrits, selon le but particulier de telles ou telles études.

L'étude climatologique, par nous entreprise, ayant pour but spécial l'œuvre de la colonisation européenne. nous n'aborderons que le climat, propre à l'Algérie nord. .

L'Algérie nord elle-même comprend trois régions fort distinctes : celle des hauts plateaux: celle des hautes montagnes et vallées du système atlantique ; celle dite maritime, comprenant, avec la région montagneuse inférieure, les plaines qui s'étendent entre les derniers reliefs de l'Atlas et la bordure maritime.

Cette dernière partie de l'Algérie nord étant la seule pour le moment, et pour de longues années sans doute, où l'activité européenne a déployé et devra concentrer son activité coloniale, la seule où les races issues de Cham, de Sem et de Japhet pourront élaborer en commun l'œuvre de fusion, qui est le secret dessein confié par la Providence au peuple français, *gesta Dei per Francos* ; c'est à cette région immédiatement colonisab'e, que nous circonscrirons cette esquisse de climatologie algérienne.

Le climat hygiénique doit comprendre l'étude et l'appréciation des forces naturelles, des conditions topographiques et atmosphériques, pouvant influencer l'organisme des êtres vivants sur cette région. L'air et toutes ses qualités, la lumière, l'électricité, la température, les saisons, la topographie, les eaux, les habitations ; tels en sont les éléments constitutifs.

Dans son traité « de l'air, des eaux et des lieux » Hippocrate nous a donné un modèle d'étude sur le climat hygiénique. Bien loin de nous la pensée de placer sous son invocation cette très-modeste esquisse de climatologie. Nous n'avons rappelé ce traité du père de la médecine, que pour répéter, après tant d'autres, qu'il constitue l'un des plus beaux monuments de la littérature médicale ; que c'est dans cet écrit, selon notre très honoré professeur Rostan, qu'on doit apprendre à apprécier son génie. C'est dans ce traité, ne l'oublions pas, que Montesquieu et Cabanis ont puisé de belles pages pour leurs immortels écrits !...

Le cadre resserré d'un simple travail de vulgarisation ne peut comporter l'étude, selon la science, de tous ces riches éléments des climats ; mais nous les présenterons sous leur point de vue pratique, et d'après le résultat d'observations récentes, faites par des observateurs consciencieux.

Le climat hygiénique de l'Algérie nord, vulgairement connue sous le nom de Tell, dépend essentiellement de la configuration tourmentée du sol, et de son orientation en face de la mer, en face de l'Europe ; en voici les traits les plus saillants :

Sur la rive méridionale de la Méditerranée, et sur une longueur de mille kilomètres, le Tell étale un vaste et splendide amphithéâtre de côtes, de collines, de vallées, de plaines, de montagnes et de plateaux étagés les uns au-dessus des autres, sans régularité.

Ce versant s'élève graduellement, au milieu des accidents de terrain les plus variés, depuis le niveau de la mer, jusqu'aux cîmes de l'Atlas, dont l'altitude varie de mille à deux mille cent vingt-six mètres, suivant une ligne de crêtes continues, mais bizarrement découpées. Le plan de ce bassin est très-incliné à l'horizon ; ses pentes s'inclinent vers l'Espagne, la France et l'Italie ; elles s'y rattachent même par des reliefs sous-marins, dont les Baléares, la Corse, la Sardaigne et la Sicile sont les points culminants ; elle en est seulement distante de 15, 20 et 30 heures de navigation.

Les crètes atlantiques protégent ce versant méditerranéen contre le rayonnement de l'Océan sablonneux et contre l'atmosphère embrasée du grand désert africain ; d'autre part, elles attirent, arrêtent, condensent et résolvent en pluie ou en neige les vapeurs, que l'évaporation, les vents frais et humides du nord-ouest, poussent et concentrent sur l'espèce d'écran que représente le Tell.

Cette même disposition topographique donne la raison des épais brouillards qui couvrent parfois, durant l'été, les horizons maritime et tellien. La chaleur solaire suscite à la surface de la mer une forte évaporation ; les vents frais du nord et de l'est condensent ces vapeurs et les poussent sur terre, où les reliefs montagneux les arrêtent. Ces brouillards troublent l'atmosphère, lui donnent une teinte grise, attristante ; mais ils n'ont rien de pernicieux.

La topographie et l'anémologie contribuent donc à l'abondance des eaux qui vivifient l'Algérie-nord ; elles y abondent sous forme de sources, de pluies, de nappes aqueuses souterraines, et même de neige qui, durant une partie de l'année, couvre les plus hautes cimes de l'Atlas.

Le sol et le sous-sol sont presque partout de nature calcaire ; la plus fertile des formations géologiques, après les alluvions. Ces précieux résidus eux-mêmes y constituent de vastes plaines, encadrées dans les formations calcaires.

L'atmosphère est transparente, chaude, humide et lumineuse, presque toujours agitée par la brise de mer ou les vents de la demi-rose nord.

L'air, plus raréfié ou moins dense que sur le continent européen, fournit à la respiration, sous un volume donné, une moindre quantité de principes vivifiants ; d'où, la molle langueur des populations et la nécessité de la ventilation ; cette raréfaction de l'air donne lieu à la riche coloration bleu foncé, à la limpidité du ciel d'Afrique.

Malgré cette limpidité du ciel algérien, l'air est tellement saturé de vapeurs humides, que les observations météorologiques ne peuvent y avoir autant de netteté que sous le ciel de Paris, en apparence pourtant moins translucide.

La chaleur donne en moyenne au thermomètre centigrade, observé sur le littoral :

Pour les trois mois d'hiver........ 15° 22
—   du printemps.. 20° 91
—   de l'été........ 26° 87
—   de l'automne.. 19° 45

Soit 20° 63 pour la moyenne annuelle.

Plus l'on s'élève sur les gradins de l'amphithéâtre *tellien*, moins la température est élevée, ce qui permet de s'y installer sous des températures analogues à celles dont on jouit en Bourgogne, en Auvergne, dans les Sierras espagnoles et dans les Apennins, en Italie.

La moyenne du baromètre est 776 millimètres, avec de rares et faibles changements.

L'hygromètre marque presque toujours le degré maximum d'humidité admosphérique.

La lumière solaire, fort rarement voilée, est d'une vivacité très-stimulante. A cette *stimulance* de la lumière solaire est due la vertu fortifiante du climat africain; déjà signalée par les anciens, dans la fable d'Hercule et d'Antée.

Sous de telles conditions atmosphériques et géologiques, les productions végétales spontanées sont luxuriantes ; partout, où la main de l'homme n'a pas détruit ou contrarié l'œuvre de la nature, la haute végétation arborescente forme d'immenses massifs en oliviers, chênes, cèdres, lentisques, tuyas ; malgré le système de destruction qu'y promènent depuis des siècles, la vie en commun et l'industrie pastorale des Arabes.

L'Algérie-nord est une contrée naturellement salubre, fertile et surtout attrayante. Les conditions d'insalubrité, d'infécondité qu'on y rencontre sont toutes locales, passagères, et le résultat de l'incurie séculaire de malheureuses populations, asservies sous un despotisme abrutissant, maintenues dans un communisme démoralisant, réduites à l'ignorance par leur isolement et par les préceptes d'une religion énervante.

Viennent le génie rédempteur de la civilisation chrétienne, viennent les forces industrielles de la société moderne, s'appliquer, avec une sage lenteur, mais avec persévérance, à la régénération de ce peuple, de ce sol... et la France, et l'Europe verront avec bonheur se généraliser le miracle, réalisé localement par les hardis et persévérants colons de Boufarick : la transformation d'un marais infect et léthifère en une salubre, fertile et riche oasis européenne !

Alors on ne taxera plus d'enthousiaste M. J. Duval, cet apôtre dévoué et persévérant de l'avenir algérien, qui écrivait, il y a douze ans, dans un excellent tableau de l'œuvre coloniale en Algérie : « Son climat est l'un « des plus beaux, des plus agréables qui existent sur « la terre ; avec le progrès de la culture européenne, « avec la généralisation des travaux publics d'as- « sainissement, cette contrée deviendra d'une salu- « brité privilégiée, où tous les riches d'Europe vou- « dront, comme au temps de l'empire romain, pos- « séder leur maison de plaisance. »

Les anciens habitants de l'Algérie, soit indigènes, soit européens, s'accordent à reconnaître, dans l'état atmosphérique, des changements notables ; déjà la conséquence, sans doute, de plus vastes et de meilleures cultures, et aussi des travaux d'assainissement exécutés, bien qu'ils soient encore insuffisants !

Par suite, la division de l'année en deux saisons . l'une séche, l'été ; l'autre pluvieuse, l'hiver, admises et constatées, durant les premières années de notre occupation, ne répond plus à la vérité des observations météorologiques. Il convient donc d'en admettre une intermédiaire, le printemps ; cette saison offre, en Algérie, des conditions atmosphériques d'une « suavité inconnue en France, » selon l'expression de M. Périer, membre de la Commission de l'exploration scientifique de l'Algérie, faite en 1842.

L'été est incommode, pénible, si l'on veut, pendant les mois d'août et de septembre ; mais plutôt, par un état particulier de l'électricité atmosphérique, à la suite de quelques journées de siroco ; plutôt, par la fatigue morale d'un ciel toujours serein, toujours lumineux, et par la fatigue physique de la continuité non interrompue d'une même chaleur ; plutôt, disons-nous, que par l'élévation de la température. — Cette température, en effet, ne dépasse que de 2 à 3 degrés celle de la France méridionale ; elle est au même degré que celle de l'Andalousie et du midi de l'Italie, durant la même saison. Les chaleurs d'Afrique ne peuvent donc être un épouvantail que pour ceux qui ne les ont jamais éprouvées ; d'ailleurs, elles sont délicieusement mitigées par la brise de mer, qui, pendant tout l'été, balaie, renouvelle l'air dans le Tell, y faisant l'office d'un ventilateur permanent.

La brise de mer, vent N.-E., souffle régulièrement l'été, vers les neuf heures du matin ; elle se fait sentir avec la même régularité dans la région des hauts-plateaux, à dix heures ; l'obstacle que lui oppose le plan incliné du Tell ralentit tellement son impulsion, qu'un intervalle de soixante minutes lui est nécessaire, pour franchir les cîmes atlantiques.

Cette ventilation et l'altitude des premiers gradins de l'Atlas, font aux contrées de Médéa, de Miliana, etc., un été beaucoup moins pénible qu'il ne l'est, en beaucoup de provinces de l'Europe méridionale.

L'hiver comprend les quatre mois de novembre à mars ; durant ces quatre mois ont lieu des pluies torrentielles ; elles versent, en 50 à 60 jours, 79 centimètres d'eau ; alors qu'à Paris, les neuf et dix mois pluvieux n'en donnent que 55 centimètres ; la neige est très-rare sur le littoral ; on la voit plusieurs mois blanchir les hauts pitons atlantiques ; alors qu'on jouit d'une température de 12°, au dessus de zéro, sur le littoral.

Il ne pleut jamais plus de trois à quatre jours de suite, et l'humidité du sol disparaît rapidement sous l'influence d'une brise tempérée, d'un soleil radieux, d'une température moyenne de 10 à 12 degrés ; aussi le valétudinaire n'est jamais retenu chez lui plus de cinq à six jours consécutifs, par le fait du mauvais temps.

Cette saison, composée d'une série successive de jours pluvieux et de splendides journées, mérite mieux le nom d'hivernage, que celui d'hiver : ce dernier nom rappelant un sentiment de souffrances physiques, pour les corps vivants et une apparence de mort et de deuil projetée sur toute la nature ; ce qu'on ne ressent, ce qu'on ne voit point en Algérie, où une vivace et luxuriante végétation témoigne de la douceur permanente du climat.

De sérieuses et récentes publications sur la climatologie médicale ont apprécié et signalé toutes ces particularités ; quand elles seront plus généralement connues, nul doute que les souffreteux, les valétudinaires et les *fortunés* oisifs de l'Europe ne viennent y prendre leur quartier d'hiver. Que l'autorité et la population algérienne s'empressent donc de leur préparer des installations confortables, des lieux de promenade, où ils puissent à pied, à cheval ou en voiture, prendre du mouvement, jouir du soleil, de l'air marin, des émanations balsamiques de la végétation persistante et spéciale aux pays chauds ! Déjà, la construction du merveilleux boulevard de l'Impératrice, nous prouve que l'on se préoccupe de cet élément de prospérité, pour la ville d'Alger.

Les plantations d'arbres à feuilles persistantes devraient être multipliées ; elles devraient particulièrement ombrager les promenades publiques ; ainsi l'on ajouterait au caractère æstival de l'hivernage algérien. C'est à étaler la riche végétation des pays chauds, acclimatée dans le Jardin-d'Essai, que l'édilité devrait mettre sa coquetterie ! dans les climats *solaires*, il y a toujours trop de pierres entassées, sous forme de murs ; il n'y a jamais assez d'ombrage, de ces ombrages splendides qui égaient la vue, qui purifient et fraîchissent l'air ; qui sont les témoignages vivants de la puissance du sol, qui sont, pour les hiverneurs, les témoins irrécusables de cette clémence atmosphérique, objet de leurs recherches dans la migration hivernale.

Dix-huit années d'exercice sous le climat algérien, et l'épreuve personnelle que nous en avons faite, durant les premières années de notre séjour, nous ont donné la conviction que l'acte d'acclimatation développera sur les immigrants venant des contrées septentrionales, dans un état habituel d'invalidité, développera, disons-nous, des phénomènes physiologiques, qui auront pour conséquence dernière d'améliorer foncièrement et leur santé et leur constitution. Ainsi, les opérations physiologiques de l'acclimatement fortifieront les constitutions débiles, les tempéraments lymphatiques ; elles aideront les jeunes générations à dominer, à dépouiller même certains vices héréditaires, qui bien souvent oppriment l'expansion pubère, ou s'épanouissent plus tard sous forme de l'une de ces graves affections de la poitrine, du tube intestinal, de l'appareil génito-urinaire, qui font aux eaux thermales une si nombreuse et si riche clientèle ; elles apporteront toujours soulagement et souvent guérison à cette phalange de goutteux, de rhumatisants, de dartreux, de phthisiques et de catarrheux, qui traînent une existence inutile et souffreteuse, sous le ciel froid et humide des contrées du nord de l'Europe. L'atmosphère algérienne est saturée d'humidité à l'état vaporeux ; elle est vivifiée par la chaleur solaire ; deux conditions propres à développer l'électricité et l'ozonation ; elle est enfin modérément imprégnée d'influence paludéenne !... (la plupart des poisons, sous dose infinitésimale, ne sont-ils pas de précieux médicaments ?). Telles sont les conditions atmosphériques qui font du climat algérien, le climat modificateur et restaurateur des organismes européens ; prédisposés à la phthisie, à la scrofule, à la goutte.

Les vieillards eux-mêmes, pouvant vivre en plein

2

air dans cette atmosphère, vivifiée autant que clémente, verront leurs dernières années se prolonger, et leurs derniers jours s'écouler doucement. La mort n'a point ici de ces lentes agonies, comme dans les climats froids ; l'Afrique septentrionale est toujours cette même contrée, dont les Romains disaient : « L'on n'y meurt que de vieillesse ou par accident. » Nous n'oserions encore inscrire cette devise sur le fronton de l'Algérie; parce que, entre l'occupation romaine et l'occupation française, des hordes barbares ont envahi et ruiné le pays ; parce que la possession séculaire du peuple arabe y a laissé dominer les forces physiques et destructives de la nature, que le labeur intelligent et réparateur de l'homme civilisé doit maîtriser.

Corroborons tout ce que nous venons d'exposer et de prévoir, sur le climat de l'Algérie, par une dernière citation, empruntée au travail de la commission scientifique chargée, en 1841, d'une enquête officielle sur le présent et sur l'avenir de l'Algérie : « L'Afrique » septentrionale, écrit M. Périer, a été le grenier de » Rome et de l'Italie, avant que l'ignorance et la dé- » génération de l'homme y eussent suscité la déca- » dence agricole et l'invasion des endémies ; vienne le « jour de sa renaissance, après la nuit du moyen âge; » vienne le travail, viennent les institutions civiles, et » nous relèverons l'Algérie de sa chute ; car ce sol

» privilégié possède tous les éléments d'une fécondité
» surprenante et d'une complète salubrité. »

La création d'une société de climatologie, pour
constater, étudier et préparer les voies à l'amélioration
des mille climats partiels, dont se compose le climat
algérien, a été une fort opportune inspiration, très-
judicieusement appréciée d'ailleurs par l'homme fort,
l'homme honnête, l'homme dévoué, qui préside parmi
nous aux destinées de l'Algérie. Cette création a com-
blé le trop grand vide que laissaient entre elles les sociétés agricole et médicale !... Sous leurs communs
efforts, ces trois sociétés, sœurs par l'intelligence,
doivent poursuivre confraternellement, par un labeur
distinct, mais solidaire, l'utile mission qui incombe, à
chacune d'elles séparément, comme moyen ; mais à
toutes trois solidairement, comme but: la régénération
et le peuplement du pays.

L'homme, par son organisation, paraît destiné à vivre sous toutes les latitudes ; il a, plus que tous les
autres animaux, la faculté de se plier à toutes les influences atmosphériques ; il est essentiellement cos-
mopolite. Cette faculté est surtout le partage des
habitants des régions tempérées. Les habitants du
Nord et du Midi ont plus de peine à s'acclimater dans
des climats, opposés à ceux qui les ont vu naître.

L'Algérie se trouvant à la limite des climats chauds

et des climats tempérés, est dans une situation très-favorable pour recevoir les immigrants venant soit du Nord, soit du Midi, soit des zones tempérées.

Les climats font varier la forme et la couleur des hommes ; ils exercent aussi sur les mœurs, l'esprit, le caractère, les habitudes de leurs habitants une influence incontestée. Tout immigrant, d'où qu'il vienne, aura donc à subir une modification organique, lente, et, d'ailleurs, proportionnelle à la différence existant entre les conditions caractéristiques du climat, où il est né et celles du climat algérien, où il se fixera. Ce travail physiologique et naturel se nomme acclimatement

M. le Dr Feuillet, pour s'associer comme nous à la publication, déjà citée, d'O. Teissier, avait rédigé une notice sur l'acclimatement de l'Européen en Algérie. Nous compléterons notre étude climatologique en la faisant suivre d'un résumé substantiel de cette notice :

L'acclimatement est un acte physiologique qui modifie l'organisme de l'immigrant et le plie aux exigences du nouveau climat sous lequel il doit vivre Quoique complexe, le problème est susceptible d'une solution assez facile, pour l'immigrant, en Algérie, des climats tempérés de l'Europe méridionale. Deux influences primordiales sont à considérer : 1° les conditions climatériques spéciales, 2° les émanations paludéennes. — Prédominance bilieuse sur l'appareil sanguin et de plus développement des tempéraments lymphatiques et nerveux — maladies s'adressant plus particulièrement aux organes les plus actifs, peau, foie, estomac, intestins — tel est le lot afférent aux constitutions européennes, dans les climats chauds — plus lourd à supporter pour les sanguins et les pléthoriques du Nord ; presque indifférent aux hommes du Midi. — Notre Colonie si vivace est pleine d'exemples de cette immunité naturelle ou acquise qui transforme en véritables Africains, pleins de force et de santé, les travailleurs venus d'Espagne, de Malte, de Mahon, d'Italie et de la France méridionale. Les Alsaciens, les Anglais même s'acclimatent rapidement. Des chiffres irrécusables, pris dans la population militaire assemblée en Algérie de toutes les zônes de France, prouvent victorieusement cette facilité de transformations organiques. Sur un effectif au 1er janvier 1862 de 51,655 hommes, il n'y avait qu'un malade sur 120 soldats et contre 7,317 cas de fièvres intermittentes, seulement 246 cas de fièvres bilieuses et 187 d'ictères.

Quant à l'influence des émanations paludéennes, elle est en décroissance manifeste en présence des travaux d'assainissement qui font succéder partout, dans nos vastes plaines, la culture à la stérilité, la richesse européenne à la misère arabe et, par suite, la santé à la maladie. Toutefois, de grands efforts sont encore à tenter dans ce sens. L'Etat et, à son défaut, l'initiative éclairée des colons, sauront les réaliser. Déjà la mortalité prouve que de grands progrès ont été accomplis. L'armée, en France, donne, par 1,000 hommes, 26 malades aux hôpitaux ; celle d'Afrique, 29. — Les décès sont, en France, de 1 sur 39 malades ; en Afrique, de 1 sur 43. — Qu'on juge du chemin parcouru : de 1837 à 1846, la moyenne de la mortalité dans la colonie était pour l'armée de 77 sur 1,000 ; en 1862, elle tombe à 10, 25, alors que celle de France est de 9, 42. — Cette preuve de la sanité remarquable du pays, pour la population militaire, se retrouverait aussi chez les colons, si les statistiques avaient pu revêtir un caractère aussi officiel pour le mouvement de la population civile, et M. le docteur Périer, médecin principal de l'armée, a pu dire d'Alger et de tout le littoral : *que les conditions de santé y sont non égales, mais supérieures à celles d'un grand nombre de villes de France.*

190